TSUKUBASHOBO-BOOKLET

暮らしのなかの食と農——59

亡国の 漁業権開放

協同組合と 資源・地域・国境の崩壊

鈴木宣弘

Suzuki Nobuhiro

JN175055

筑波書房ブックレット

写真　沿岸漁業フォーラムで講演する筆者

（2017年9月1日、飯尾さとる茂原市議撮影）

目　次

「総仕上げ」の指示 ……………………………………………… 5

違和感 ……………………………………………………………… 6

規制緩和の真意 …………………………………………………… 8

国家戦略特区の真意 ……………………………………………… 9

資源がもたない …………………………………………………… 17

地域がもたない …………………………………………………… 21

国土がもたない …………………………………………………… 23

補助金漬け漁業のウソ …………………………………………… 25

関税もすでに低く、自由化でも全面的関税撤廃 ……………… 26

資源・環境と地域と国土・国境を守る ………………………… 30

補論1　漁場のきめ細かな共同管理の実態 …………………… 33

補論2　IQが資源管理の実効性を低下させる ………………… 35

補論3　漁協解体が「買いたたき」を強める ………………… 37

付録　建前と本音の政治・行政用語の変換表 ………………… 41

4

漁業権のイメージ

　「……私自身、かつては経済学者の通例として、すべて所有関係でものを考えてきました。しかし、それだけでは森林や海のような自然環境をうまく、持続的に管理していくのは不可能です。日本でも、明治の近代化の過程で急速に壊されてしまった入会制度のように、皆で相談して大切に使い、次の世代に伝えていく、つまりコモンズの精神を取り戻す必要があると思うのです。」（宇沢弘文『人間の経済』新潮社、2017年、p.135）

「総仕上げ」の指示

　そもそも、一部に利益が集中しないように相互扶助で中小業者や生活者の利益・権利を守る協同組合などの組織は、「今だけ、金だけ、自分だけ」の人々には存在を否定すべき障害物である。そこで、「既得権益」「岩盤規制」と攻撃し、ドリルで壊して市場を奪って私腹を肥やそうとする。これが「対等な競争条件」要求の実態だ。

　農業については、家族経営の崩壊、農協解体に向けた措置（全農共販・共同購入の無効化、独禁法の適用除外の実質無効化、生乳共販の弱体化、信用・共済の分離への布石）、外資を含む一部企業への便宜供与（特定企業の農地取得を可能にした国家「私物化」特区、種子法の廃止、農業移民特区の展開構想）、そして、それらにより国民の命と暮らしのリスクが高まる事態が「着実に」進行している。

　そして、ここに来て、漁業についても、以前から議論のあった漁業権開放論が規制改革の俎上に再浮上している。漁業権は、これまで各漁場で生業を営む漁家の集合体としての漁協に優先的に免許されてきたが、今後は、一般企業も同列に扱って、権利を付与し、最終的には、その漁業権を入札で譲渡可能とするのが望ましい（実質的に外国にも開放されることになる）との議論が規制改革推進会議などで本格化しそうである。

　これは、一連の農林水産業の家族経営の崩壊、協同組合と所管官庁などの関連組織の崩壊、国内外の特定企業などへの便宜供与について、「総仕上げ」を敢行するという強い意思表示と理解される。

　規制改革推進会議の水産ワーキングチームに漁業の専門家が入っていないのはおかしいとの指摘があるが、その理由は「詳しい人や反対

　論者を入れたら決まらないでしょ。最初から決まった結論に持ってい
くためにやるのだから」と以前、明快に答えてくれた委員（農業関係）
の言葉が思い出される。

　しかし、それは日本の資源・環境、地域社会、そして、日本国民の
主権が実質的に奪われていくという取り返しのつかない極めて深刻な
事態に突き進むことだと認識する必要がある。

違和感

　小さい頃から、アコヤ貝の貝掃除、冬場のノリの摘み取り・乾燥・
袋詰め、シラス掬い、ウナギの給餌、カキむきの補助など、毎日、浜
を生活の場として暮らしてきた一人として、漁業権の開放問題には強
い違和感をいだく。

　そこに浜があり、長年にわたり、そこで生計を立てて生きてきた我々
にとっては、それは、あまりにも当たり前のことで、「漁業権が漁協
に免許されて、その行使権を個々の漁家が付与されている」という認
識も正直なかった。もともと、そこで暮らしていたのが先で、権利が
後付けである。漁業権の権利の主体はあくまで漁協に属する漁業者集
団であり、漁業権を免許される漁協は全員で行う共同管理の実施組織
と理解される。

　そして、漁協に集まって、獲りすぎや海の汚れにつながる過密養殖
にならぬように、毎年の計画を話し合い、公平性を保つように調整し、
年度途中での折々の情勢変化に対応してファインチューニング（微調
整）し、浜掃除の出合いも平等にこなすといった資源とコミュニティ
の持続を保つ、きめ細かな共生システムが絶妙なギリギリのバランス
の上にできあがっている（具体的なイメージは補論1の佐藤力生氏の

解説で実感できる）。

　それに対して、非効率な家族経営体が公共物の浜を勝手に占有しているのはけしからん、そのせいで日本漁業が衰退した、既得権益化した漁業権を規制緩和し、民間活力を最大限に活用し、平等に誰でも浜にアクセスできるように、漁業権を競売にかけ、資金力のある企業的経営体に参入させろ（独占させろ）、というのである。

　長年その地に土着して目の前の浜で暮らしてきた我々に対して、突然、漁業権の免許が漁協（多数の家族経営漁家の集合体）から企業に変更された（あるいは企業にも付与した）ので、君らの一部は企業が雇ってくれるが、基本的にはみんな浜から出ていけ、という理不尽極まりない要請が許されるとは常識的には考えられない。よくまあ、そんな勝手なことが言えるな、というのが実感である。漁協と別の主体

写真1　三重県志摩市の英虞湾

https://www.photo-ac.com/

にも漁業権が免許されたら、漁場の資源管理は瞬く間に混乱に陥ることは必定である。

　しかし、実際に、悲惨な大震災による漁民の窮状につけこんで、火事場泥棒的にこんな特区が実現された。その全国展開がいま進められようとしている。しかも、「規制緩和」や「国家戦略特区」などの真相は、最近、実際に生じている数々の実例を見れば、「特定の企業への便宜供与」だということがバレている。

規制緩和の真意

　最近の政治用語には真意を理解するための変換表が必要であり、その一部を下記に示す（全体の変換表は巻末の「付録」として掲載）。
- **規制緩和**＝地域の均衡ある発展のために長年かけて築いてきた相互扶助的ルールや組織を壊して、ないしは、改変して地域のビジネスとお金を一部企業に集中させること。したがって、規制緩和の名目で、実質的な規制強化を行おうとする場合もある。
- **対等な競争条件**＝もっと一部企業に富が集中できる市場条件。市場を全部差し出させるのが最終ゴール。
- **岩盤規制・既得権益**＝儲けられる余地が減ってきたので、地域の均衡ある発展のために長年かけて築いてきた相互扶助的ルールや組織を壊して地域のビジネスとお金を一部企業が奪いたい。そこで、地域を守るルールや組織は障害なので岩盤規制・既得権益と呼ぶ。
- **国家戦略特区**＝別名、国家「私物化」特区。政権と近い特定の企業・事業体が私腹を肥やせるように、規制緩和の突破口の名目でルールを破って便宜を供与する手段。

国家戦略特区の真意

　まず、1年以上前の2016年5月19日の内閣委員会「国家戦略特区一部改正案」の筆者の参考人意見陳述の抜粋（一部字句修正）を紹介する。

○山本太郎君

　鈴木先生にも石破大臣と同じ質問をさせていただきたいと思います。今回のように、農業を国家戦略特区に含めることで、地方創生、地方に暮らす人々の繁栄、豊かさにもつながっていくとお考えになりますでしょうか。石破大臣は、先ほど、そうならなきゃやる意味がないと力強くお答えになりました。鈴木先生の御意見をお聞かせください。

○参考人（鈴木宣弘君）

　私の理解では、国家戦略特区は岩盤規制に穴を開ける突破口だというふうに定義されていると思います。端的に申し上げれば、特区は政権と近い一部の企業の経営陣の皆さんが利益を増やせるルールを広げる突破口をつくるのが目的ですから、地方創生とは直接結び付いていないと思います。むしろ、地方創生には逆行します。

　なぜならば、地域の均衡ある発展のために維持してきた相互扶助的なルールは、まさに、今だけ、金だけ、自分だけの一部企業が地域で利益を得るためには障害となります。そこで、それらを既得権益、岩盤規制との名目で崩し、既存の人々、農家の皆さんのビジネス、お金が奪われていきかねません。既存の業者や農家

の方々が多く失業し、地域コミュニティも崩れていく可能性があります。つまり、地域全体としては衰退する可能性があるということを考えなきゃいけないと思います。

○山本太郎君

　ありがとうございます。岩盤にドリルで穴を開けていくという名の下に、人々を守るはずの規制というものがどんどん崩されていく可能性がある、そして政権中枢に近い者たちによってその利益というものは横流しされる可能性があるというような御懸念を示されたのかと思います。鈴木先生はTPPの問題に関しましても大変お詳しい方です。国家戦略特区はTPPの問題にもつながっているんでしょうか、先生の御意見をお聞かせください。

○参考人（鈴木宣弘君）

　日本でも、TPPに関連してあっせん利得罪の議論がありましたけれども、TPPを推進するアメリカの共和党の幹部は、巨大製薬会社から二年で五億円もの献金を得て、TPPで新薬のデータ保護期間の延長を要求しましたように、TPPには巨大なあっせん利得罪の構造が当てはまります。結果的に、TPPは政治と結び付く一部の企業の経営陣が利益を増やすルールを押し付け、広げていくことが大きな目的でありますから、これは国家戦略特区の思想とも同じです。

　TPPによって、地域の公共事業も最も日本が無差別に外国企業に開放します。TPPと特区の相乗効果によりまして、日本のみならず外国の企業も参入し、地域の既存の中小企業や農家の廃業が増えると思われます。大店法が撤廃され巨大店舗が進出して、日

本中の商店街がシャッター街になったことは御案内のことと思います。そして、ある程度もうかると撤退して、町を荒廃させてきました。同じようなことが更に広範な分野で、TPPと特区の相乗効果で進む危険を考えなければいけないと思います。

○山本太郎君

　今回の法案の農地法等の特例というのをざっくり説明させていただくと、今まで企業は、農業生産法人、今でいう農地所有適格法人の要件を満たしていれば農地を所有することができ、要件を満たしていない場合でもリースで農地を利用できたと。今回の法案の特例で、農地所有適格法人以外の法人も、リースだけでなく、地方自治体を通じて農地を購入し、所有できることになると。当該法人には、農地所有適格法人に対する出資比率、事業要件が掛からずに実質的な規制緩和となると。本法案でこれを兵庫県養父市にて可能にするようですけれども、この兵庫県養父市への取組について、鈴木先生、どのようにお考えになりますか。

○参考人（鈴木宣弘君）

　今回、リースでなく農地取得ということを認めるという形になりましたが、農地のリース料金というのは農業の収益性に基づき算出されますが、農地価格は農地を転用した場合の利益も勘案して決まりますので、一般に、農業収益から計算される地価とは懸け離れた高額になります。ですので、農業での収益が目的なら農地取得は割に合いません。リースの方が圧倒的に有利と考えられます。

　つまり、農地取得を自由化するということは、将来的に農業以

外の目的に転用する可能性を含んだ措置というふうに思われます。ですから、養父市というのは中山間地ですが、これは一種のカムフラージュで、今後、TPPも進み、多くの平場の農地も広範に担い手が不足してくれば、それを見越して条件の良い農地に企業が進出し、もうからなければそれを転用、転売していくと、そういう形で利益を高めていくということが考えられます。「地域を食い荒らし」かねません。一部の巨大企業が儲かっても、地域の農家は失業し、コミュニティも崩壊していきます。

養父市に限定したというのはごまかしです。安倍総理もはっきりおっしゃっているように、特区は岩盤規制の改革の突破口であると、あるいは、養父市の農地取得企業に関連している民間議員がこれを歴史的に残る快挙だと言っております。つまり、これはここにとどまるものではなく、次の展開を意図した戦略だというふうに思われます。

○国務大臣（石破茂君）

鈴木先生と私が農林水産大臣のときに毎日みたいにいろんな議論をさせていただき、政策づくりに当たっていろんな御示唆をいただいてまいりました。今のブッシュ元大統領の話なぞというのは非常に改めてしみじみと思い返したところであって、山本委員から安全保障についても御言及いただいて大変に有り難いことだと思っておるところでありますが。（略）

○参考人（鈴木宣弘君）

最後に一言だけ申し上げます。

1割の農地だけが非常に大きな企業で利益を得ても、その他ほ

とんど9割の地域農業が衰退するようなことにもしなったら、それは日本の地域創生にはなりませんし、安全、安心な食料を国民に提供し、国民の命を守ることもできなくなります。その点を考えた政策が必要だと思います。

　そういう意味では、私は、石破大臣が農水大臣のときにやっていただいたように、反対から賛成まで、あらゆる方々の意見をきちんと聞く農政改革会議をつくって、そして総合的に何が必要かを決めました。今の規制改革会議は、一部の利害関係者だけで決められる構造になっております。これをまず改善していただきたい、これをお願いしたいと思います。

　軍事による安保ばかり強調して食料自給率をないがしろにする人たちは国家安全保障の本質を理解していない。一部の企業の農業や漁業がかりに儲かっても国民に食料を十分に供給できない。それでは、彼らがよく言う安全保障はどうなるのか。結局のところ、それはどうでもいいということのようである。要は、「今だけ、金だけ、自分だけ」で、政権党に結びついている、ごく一部の者だけの利益が保障されればそれでいい。周りからむしり取って、もっと儲けられるようにしてやれるかどうかが、すべてなのだと。これぞアベノミクス、これぞTPP。根っこは同じである。しかし、ひとり生き残っても周りが成り立たなくなったら、自分も持続できないことさえ見えていない。

　しかも、きわめて少数の「有能」で巨万の富も得ている人たちが、さらに露骨に私腹を肥やすために政府の会議を利用して、地域を苦しめている。代表的な方は、例えば、人材派遣業大手P社のT会長と、O社のM会長、それにSのN社長。立派な経営者だろうが、自分があれだけ儲けてもまだ儲け足りないという。なりふり構わずどこかから

取ってやろうとする筆頭格の人たちである。

　非常に優秀なT氏は、K大学の名誉教授となっているけれども、一番の年収は人材派遣業のP社の会長として１億2,000万円とも言われている。T氏が政府の会議を利用してやったことが、首切り自由特区と短期雇用でグルグル雑巾のように回していく雇用改革法案の成立。これはTPP対応でもあったが、誰が儲かるかといえばP社。露骨な利益相反は慎むべきと筆者は某紙にコメントしたが、「よく言ってくれた。勇気ある行動だ。しかし体を大事にした方がいい」という心遣いもいただいた。さらには、家事支援外国人受入事業の特区もP社が受注、次は、農業移民特区の全国展開構想も主張するなど、留まるところを知らない。これが今進んでいることである。

　N氏は政府会議のリード役の立場を利用して、新しい農地集積組織（中間管理機構）をうまく使って、自社農場へ優良農地を集積し、農業委員会組織を骨抜きにして、農業に自由に参入して、儲からなければ農地を自由に転売して儲けるように画策した。

　M氏は郵政を民営化したら皆が幸せになれるなどと言って、座長をやりながら、実は、かんぽの宿をO社が安く買いたたこうとしたことがばれてしまった。役員報酬を１年に55億円ももらっても、こんなことしか考えられない。大店法を潰して全国の商店街を潰したのは彼だとの批判もある。こんなことを平気でやりながら、政権の中枢と結びついて、さらに私腹を肥やすために、地域の人々を苦しめている。

　最近の象徴的「事件」はH県Y市（上述の兵庫県養父市）の農業特区である。突如、大企業が農地を買うことができるようになった。その企業はどこか。O社の関連会社である。そして社外取締役に就任しているのは誰か、N氏とT氏である。また、この有能な３人である。あまりにもわかりやすすぎる。ごく少数の「３だけ主義」の人たちが

私腹を肥やすために、こんなことをして国民を苦しめ、地域を苦しめているのをこれ以上放置してよいのであろうか。

　水産については、すでに、2011年3月11日の大震災の直後の人々の苦境につけ込んで収奪する「ショック・ドクトリン」で口火が切られた。これに対する当時の筆者のコメントは、農文協『復興の大義―新自由主義的復興論批判―』（2011年）のための座談会（山口二郎・鈴木宣弘・宮入興一、2011年9月3日）に収録されているので、下記に一部字句調整して転載する。

　　鈴木　経済界が、農村・漁村の復旧・復興について言っている提案も、まさにナオミ・クラインの「災害資本主義」。ここぞとばかり、規制緩和とか、自由化とかを進めて、ガラガラポンでやってしまおうというものですね。津波で沿岸部がグチャグチャになったのだから、「ちょうどいい機会だ」と。多くのものを失った悲しみを乗り越えて生活と経営と地域コミュニティを再興しようと、歯を食いしばっている人たちに、「皆さんはもう結構です。企業が入って1社で大規模にやれば強くなるのだから、とにかく規制緩和して特区をつくって、自由にさせてくれ」と。

　　鈴木　火事場泥棒的に、いい機会だからガラガラポンだ。あなた方はもういりませんと。規制緩和して、企業に入ってきてもらって、1社で大規模農業・漁業をやって、それを全国モデルにすればTPPとか貿易自由化を徹底しても大丈夫だと。

　　自分たちのコミュニティを何とか再生できないかと、がんばっている人たちに対して、「もうあなた方はいりません」というのは、人としての心が疑われます。しかも、それが全国モデルになると

いうのは、何でしょうか。

鈴木　コミュニティの再生に力を入れるという観点からいうと、農村・漁村についても、M県とI県ではコントラストがありますね。M県の場合は、まさに特区で、企業一社に任せて、これまでの小規模経営者は自らでの再建は諦めて、そこで雇用してもらえばいいじゃない、という話で、現場の反発を無視してでもやるという姿勢ですね。

　I県でやっているのは、漁業についても、極めて対照的です。I県は、そもそも地元の漁協がリードして、必死に自分たちで再生に取り組んだ。重茂漁協のそうした取組みが手本になり、小さくても、そのコミュニティを再生することでやっていける力がある、それを大事にしなければいけないということで、そういう方向で農村、漁村の再生をやろうという姿勢があるなと思います。

鈴木　日本に、農業や漁業があることの価値の大きさに繋がる話です。農産物は外国でつくったほうが安いかもしれないけれども、この地に農業なり漁業があることで、資源、環境、歴史、文化を守っている。一次産業の営みがベースとなって、地域の加工、輸送、観光業、商業などの産業が成り立っている。そして地域コミュニティができあがっている。目先の銭金だけからは一見「非効率」に見えるかもしれないけれど、その価値は非常に公共的であり、大きい。それをもう一度復旧し繁栄できるようにしていくということを、まず考えるべきだと思いますね。

　「非効率なんだから、そんな人たちはいらない。企業一社でやればいい」ということでは、コミュニティも文化もなくなってし

まう。もう地域ではなくなる。それでも、自分が儲かればいい、という人たちが推し進めようとしているわけですが、コミュニティが崩壊したら、儲かったと思った人たちも含めて誰も暮らせなくなります。

鈴木　「無理して住むことはない」という議論が出てきますが、それじゃあ、日本は、どういう国になるんですか、ということです。都市部だけに人が集中して住んで、それで日本という国が健全に成り立つんでしょうか。

鈴木　これだけ日本の地域が厳しい状況にあるなかで、皆で、どうやって支えあっていこうかというときに、日本をリードしている大きな企業が、自分の都合のいいことは要求するけれども、責任は果たさない。自分の目先の利益だけを考えて行動しているとしたら、情けない。これから持続的な日本社会をどう築いていくかというビジョンがない。

漁業権開放の議論の本格化は、この仕組みの全国展開である。

資源がもたない

まず、規制撤廃して個々が勝手に自己利益を追求すれば、結果的に社会全体の利益が最大化されるという短絡的経済理論のコモンズ（共用資源）への適用は論外である。筆者は環境経済学の担当教授で、毎年、学生に「コモンズの悲劇」（入会牧場や漁場を例に、個々が目先の自己利益の最大化を目指して行動すると資源が枯渇して共倒れする）

を講義している。

　「自然資源の共同管理制度、及び共同管理の対象である資源」（井上真教授）という定義に含意されるように、コモンズは共同管理されることで「悲劇」を回避してきた。それに対して、「コモンズの共同管理をやめるべき」というのは、根本的な間違いといえる（このことは、視野を地球環境問題などまで広げると、「グローバルコモンズ」の共同管理をせずに、目先の狭い経済利益を個々が追及した結果、地球環境が悪化してゲリラ豪雨のような異常気象が頻発し、それによる洪水も、山が荒れて止めることができない、という整理が可能である。そもそも、利己的な個人が個々の利益を自由に追求すると社会全体の利益が最大化されるという、いわゆる新古典派経済学の適用できる対象はほとんどないことも意味する）[注1]。

　資源管理のためには、総量規制だけすればよいというのは、現場を知らない絵空事である。既述のとおり、異なる現場ごとに、漁協を中心としたきめ細かなファインチューニングで、絶妙なギリギリのバランスを保って各漁場は調整されている。漁協による共生システムは、

（注1）前水産庁長官の佐藤一雄氏は漁場管理をマンション管理に例えて話していたと水産経済新聞社の安成椰子社長から聞いた。マンションというのは、そこに住む住人の共同体であり、区画占有権を買おうと賃借だろうと、あるいは、企業だろうと個人だろうと、住む人は、管理料を支払い、総会に出席し、防災訓練に出て、草むしりやその他必要な共同活動を行う義務がある。マンションの価値は管理に尽きると言われるように、共同管理体制がしっかりしていないと、住人が逃げていって、修理も出来ず、荒れ放題になり、最終的には共同体が崩壊してしまう。このように、マンションの管理は、しっかりした管理組合とその全員参加の総会の意思決定によって成り立つ。浜の管理がなぜ、漁業者（一部企業を含む）が全員参加する漁協に任されているかはマンションの管理と似ているというのである。確かに、マンションも漁場も、共同管理が不可欠なコモンズと位置付けることができる。

その点で優れている。

　区画、定置、共同漁業権は、海を協調して立体的、複層的に利用している（p.4の図を参照）。定置の前で魚を獲ったら定置網は成り立たないし、マグロ養殖のそばを漁船が高速で移動したら中のマグロが暴れて大変なことになる。漁業は、企業間の競争、対立、収奪ではなく、協調の精神、共同体的な論理で成り立ち、貴重な資源を上手に利用している。その根幹が漁協による漁業権管理である。

　そこに水産特区のように漁協と別の主体にも漁業権が免許されたら、漁場の資源管理は瞬く間に混乱に陥ることは必定である^{（注2）}。このことを現場感覚としてよくわかっている企業は漁協の組合員となってマグロ養殖などに参入している。マグロ養殖などは、こうした形で企業の参入が円滑に進んでいる分野である。

（注2）宮城県は2013年9月から5年間、桃浦地区の被災漁業者と水産卸の仙台水産（仙台市）が出資して設立した桃浦かき生産者合同会社（宮城県石巻市）に「水産業復興特区」を適用して漁業権を付与した。しかし、2014年、宮城県漁協が行っている共同販売の出荷解禁日は10月6日に決まったのに、桃浦の合同会社は共同販売を通さずに出荷することから、独自の判断で10月1日から出荷を開始した。
　さらに、2016年にも、生食用カキについて県漁協などが決めた出荷解禁の10月10日より早い9月29日から出荷を始めた。当初、県の指針で定められた生食用カキの出荷解禁日は9月29日であったが、カキ生産者と県漁協、連合会は9月23日、石巻市でカキの品質検査を実施した結果、出荷に不向きな「卵持ち」が多く粒も小さかったことから、解禁を10月10日に延期することを申し合わせ、県漁協は合同会社にも解禁延期を伝えたが、守られなかった。県漁協幹部は「県内で約450人いる生産者も一日も早くカキを出荷して収入を得たいのに、おいしく質のいい物を出すために我慢している。成育が不十分なカキを宮城県産として販売し、信用を落とすことは許されない」と憤ったと河北新報は報じた。
　同合同会社は2014〜15年度に、市内の別の産地のカキを「桃浦カキ」として販売したことも発覚している。

　ノーベル経済学賞を受賞したオストロム教授のゲーム論によるコモンズ利用者の自主的な資源管理ルールの有効性の証明を待つまでもないように思う。筆者はゲーム論があまり好きでない。現場で当たり前のことを、もっともらしく言い換えているだけだ。しかも、経済モデルはすべてそうであるように、やはり現実を単純化している。現場は複雑であり、その複雑な調整メカニズムは現場をじっくり体感することによって理解するしかない。

　中央政府が漁場ごとの再生産能力を把握した総量規制の上限値（TAC＝Total Allowable Catch）を正確に計算することは、そもそも困難であり、それを明確に割り当てたり（IQ＝Individual Quota）、操業者の行動を監視し、違反者を確実に制裁することは困難を極めるし、その行政コストは莫大になり、漁協を中心とした自主管理システムのほうが有効かつ低コストであるのは自明のように思われる（具体的なイメージは補論２の佐藤力生氏の解説で実感できる）[注3]。

（注3）　生源寺眞一教授の次の指摘が示唆に富む。
　　「合意に立脚した共同行動、ここに変革期を生きるコモンズの道がある。……農村あるいは山村・漁村の共同行動は、地域の個性を濃厚に帯びながらも、人類共通の知恵の発露という面を有している。先ほどコモンズの悲劇の克服方法として、自己責任体制と政府介入の二つが提唱されていると紹介した。このうち自己責任制とは損得勘定の徹底であり、端的に言って、市場経済の世界にほかならない。けれども改めて認識すべきは、市場経済と政府介入だけでは現実の社会のシステムを十分に語り尽くせないという簡明な事実である。
　　簡単な二分法には修正が必要だ。コモンズは市場経済でもなく、政府介入でもない第三のシステムなのである。そして、市場や政府がカバーしきれない領域に存在する点で、長い歴史を継承する農山漁村のコモンズと、19世紀のロッチデールやライファイゼンに始まる多様な協同組合活動には共通項がある。どちらもメンバーの自発的な合意に基づく共助・共存の仕組みなのである。」（生源寺、2017、p.49）

　もちろん、漁協の共生システムが本来の民主的運営を見失っているような場合には、その是正は不可欠であるが。

地域がもたない

　M県知事は、2011年6月21日付の朝日新聞のオピニオン欄で、「企業側が『海は国民のもので漁協のものではない。漁協がお金を出して買ったものではないはずだ』と思うのは当然です。」と述べているが、耳を疑う発言である。

　その地に長く暮らしてきた多数の家族経営漁家の集合体が漁協であるから、漁協が本来の姿であるかぎりは、漁協と営利企業は同列ではない。漁業権は多数の漁家の集合体に付与されている。まず、そこに暮らしてきた漁民の生活と地域コミュニティが優先されるのは当然である。企業が参入したいのであれば、地域のルールに従って、漁協の組合員になるべきであり、それは可能なのである。

　それなのに、これからは、突如、漁業権の免許が漁協から企業に変更された（あるいは企業にも付与した）ので、君らの一部は企業が雇ってあげるが、基本的にはみんな浜から出ていけ、という理不尽極まりない事態を全国展開しろという議論になっている。

　かつ、漁業権がいくつかの組織あるいは個別漁業者に割り当てられたとしても、割り当てられた漁業権（IQ）を入札による譲渡可能（ITQ＝Individual Transferable Quota）にするのがベストだというが、そうなれば、資金力のある企業が地域の漁業権を根こそぎ買い占めるかもしれない（その危険性は1800年代の岩手の漁場入札制の導入で経験されている）。むしろ、それが狙いなのである。

　つまり、浜は既存の漁家の既得権益でなく、みんなのものだから、

図1　英虞湾周辺の漁業権分布

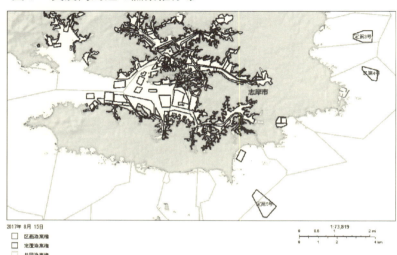

平等にアクセスできるようにしろ、と言って、結局、そう主張した企業が買い占めて、自分のものにして既得権益化する、という詐欺的ストーリーが見えている。いわゆる「浜のプライベートビーチ化」が進められることになる。

　図1の三重県志摩市の英虞湾の湾内の区画漁業権と外海側の共同漁業権の実態を見てもらいたい。筆者の家の漁業権もここにあるが、**写真2**からもわかるとおり、海と隣接した集落で、非常に多くの中小漁家が生業を営んでいる。これらが根こそぎ買い取られたらどうなるか。ここで暮らしてきた人たちの生活と地域コミュニティは間違いなく崩壊する。長年暮らしてきた人々を追い出し、地域コミュニティを崩壊させる権利が誰にあるというのか。

写真2　三重県志摩市阿児町志島

（鳥羽磯部漁協佐藤真理子課長提供、上村完爾氏撮影）

国土がもたない

　さらには、漁業自体は赤字でも漁業権を取得することで日本の沿岸部を制御下に置くことを国家戦略とする国の意思が働けば、表向きは日本人が代表者になっていても、実質は外国の資本が**図1**のような英虞湾の内海や外海沿岸を含め、次の**図2**のような全国の沿岸部の水産資源と海を、経済的な短期の採算ベースには乗らなくとも買い占めていくことも起こり得る。海岸線のリゾートホテル・マンションなどの所有でも同様の事態が進みつつある。

　こうした事態の進行は、日本が実質的に日本でなくなり、植民地化することを意味する。日本が脳天気だと思うのは、農林水産業は国土・

図2　日本の領海　接続海域　排他的経済水域

出所：https://matome.naver.jp/odai/2143805148972223001

国境を守っているという感覚が世界では当たり前なのに、我が国では、そういう認識が欠如していることである。

　例えば、尖閣諸島のような領土問題が広がる可能性もある。そもそも、尖閣諸島には、鰹節などをつくる水産加工場があって、200人以上の住民がいた。まさに、漁業の衰退が、尖閣諸島の領有権を海外に主張されることにつながった。

　そうした事態を回避するために、ヨーロッパ各国は国境線の山間部にたくさんの農家が持続できるように所得のほぼ100％を税金で賄って支えている（表1）。彼らにとって農業振興は最大の安全保障政策

表1　農業等所得に占める補助金の割合（A）と農業等生産額に対する農業等予算比率（B）

	A		B
	2012 年	2013 年	2012 年
日本（農業）	38.2	39.1	38.2
日本（漁業）	18.4（2015 年）		14.9（2015 年）
米国	42.5	35.2	75.4
スイス	112.5	104.8	？
フランス	65.0	94.7	44.4
ドイツ	72.9	69.7	60.6
英国	81.9	90.5	63.2

資料：鈴木宣弘、磯田宏、飯國芳明、石井圭一による。

である。日本にとっての国境線は海である。沿岸線の海を守るには自国の家族経営漁業の持続に戦略的支援を欧州のように強化するのが本来なのに、企業参入が重要として、結果的には日本の主権が脅かされていく危機に気付いてないのであろうか。日本国民にとって国家存亡の危機である。

　したがって、むしろ、漁業所得補填の補助金を安全保障予算として抜本的に増額すべき、というのが欧米の政策からの示唆ではないか。

補助金漬け漁業のウソ

　そこで、もう一つ解いておくべき誤解は、日本の農業や漁業が補助金で過保護に守られているというウソである。日本の農家の農業所得のうち政府補助金の占める割合は2006年には15.6％と非常に低かったが、近年は米価下落などによる所得減により補助金割合が相対的に上昇して2014年は38.6％と最近年は4割弱で推移している。しかし、**表**

1のように、主要国を2013年で比較すると、米国が35.2％で、日本とほぼ同水準であるが、欧州諸国はフランス94.7％、英国90.5％、スイス104.8％である。

米国では、欧州に比較して農業所得に占める補助金比率は高くないが、注目すべきは、農業生産額に対する農業予算の割合（2012年）である。これで見ると、日本の38.2％に対して、フランス44.4％、英国63.2％、ドイツ60.6％、米国75.4％となっており、日本の場合は、農業所得に占める補助金比率と同じ4割弱で、主要国の中で最も低く、特筆すべきは、補助金比率は35％の米国が予算比率は75％で、もっとも高いということである。米国の2指標が乖離する理由については精査する必要があるが、これらを総合的に勘案すると、我が国の農業保護水準が欧米に比べて低いという事実は再確認できたと言ってよかろう。欧米では、命を守り、環境を守り、国土・国境を守っている産業を国民みんなで支えるのは当たり前なのである。

さらには、日本の漁業は、先進国で最も保護されていない農業に比べても、格段に保護水準が低いことが、2015年において、漁業所得に占める補助金割合が18％、漁業生産額に占める水産予算の割合が15％と、日本農業の半分以下であることに如実に示されている。

個人的には、漁業所得に占める補助金割合が18％というのも、こんなに高いのだろうかと思うくらいであるが、現在は、収入減少を補填する漁業共済の「積立ぷらす」が有効に機能している点が指摘できよう。

関税もすでに低く、自由化でも全面的関税撤廃

すでに、水産物の平均関税率は、農産物の11.7％（これもEUの半

図３　サケ・マス類の実質産地価格と輸入量（左）及び供給量（右）との関係

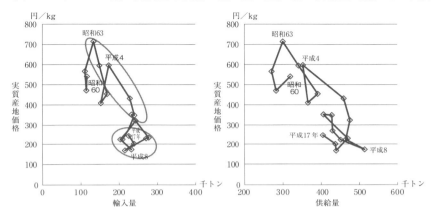

資料：農林水産省「漁業・養殖業生産統計年報」、「水産物流通統計」及び財務省
　　　「貿易統計」を基に水産庁で作成
注：1 ）マグロ類とは、クロマグロ、ミナミマグロ、メバチ、キハダ及びビンナガ
　　　　をいう。
　　2 ）供給量とは、我が国の漁獲量と輸入量の合計とした。
　　3 ）実質産地価格とは、昭和60年の消費者物価指数を100として産地価格をデ
　　　　フレートしたものである。なお、昭和60〜平成2年は51港、3〜10年は206
　　　　港、11年及び12年は205港、13〜17年は203港、18年は197港、19年は42港
　　　　の産地価格を示す。

分の水準）よりもさらに低い4.1％まで引き下げられており、海外か
らの輸入の増大による魚価低迷の影響を大きく受けてきている。水産
白書（平成20年）の**図３**のように輸入量の増加と産地魚価の下落との
関係は明瞭である。

　それがTPP（環太平洋連携協定）では、ほぼ全面的関税撤廃が決ま
り、TPPが頓挫しても、日欧EPAで、そのまま踏襲された。全体と
して、日欧EPAでのTPPレベルと同等、またはそれ以上の上乗せ合
意は、TPP交渉を行った参加国からはTPPで決めたことを使うのなら
自分達にも同様の条件を付与せよとの要求につながることは必定であ
る。

　その結果、TPP11の機運の高まりや、ほぼ自動的に日豪FTAなど
の修正（日本が他の協定で日豪以上を認めたら豪州にも適用するとの
条項がある。）、米国農業界などの日米FTA開始の声を加速する。こ
の連鎖は「TPPプラス」による「自由化ドミノ」で、世界全体に際限
なく拡大することになり、食と農と暮らしの崩壊の「アリ地獄」であ
る。

　水産物についても、ほぼ全面的な関税撤廃がドミノ的に世界に波及
するとなると、その最終的な影響額は、農林水産省が全世界に対する
全面的関税撤廃の影響として試算した4,200億円の生産額の減少を見
込まざるを得ない。これは、関税率が10％以上で、国内生産額が10億
円以上の13品目に限定した試算という点では、かなり少なめになって
いる。

　生産減少額が大きいのは、サケ・マス類、のり類、カツオ・マグロ
類、ほたて、いかと続く。生産量の減少が大きいのは、全滅に近いヒ
ジキ、ワカメ、7割減のこんぶ、のり、6割減のウナギ、サケ・マス、
ほたて、たら、半減のあじ、いわし、いかと続く。

　また、

漁業と関連産業によるGDPの減少額	4,900億円
失われる雇用	10万3,000人
食用魚介類の自給率	62％　→　45％
海草類の自給率	72％　→　44％

となると、試算されている。

　その上、漁業権などを国際入札の対象にするという方向性は、TPP
でも打ち出されていた。TPPでは開放の例外にするリスト（ネガティ
ブ・リスト）に列挙していない限り、基本的に投資やサービスを外国

表2　国境措置撤廃による水産物生産等への影響試算について（品目別）

品目名	生産量減少率 （％）	生産減少額 （億円）	今回の試算の考え方
あじ	52	110	加工向けは置き換わり、鮮度をはじめとする品質面で国産品が優位となる生鮮食用向けは残る。
さば	33	240	ノルウェーサバなど国産品と品質的に同等の生鮮食用は置き換わり、安価で貿易に適さない加工向けは残る。
いわし	50	280	加工用向けは置き換わり、鮮度をはじめとする品質面で国産品が優位となる生鮮食用向けは残る。
ほたて	58	490	漁獲生産品は置き換わり、ブランド力を有する養殖生産品は残る。
たら	58	110	生で流通するものが置き換わり、冷凍品が残る。
いか・干しするめ	46	340	加工向けは置き換わり、生鮮食用向けが残る。
こんぶ・こんぶ調製品	70	190	結び昆布・佃煮用途など加工向けは置き換わり、出汁向けは残る。
干しのり・無糖のり・のり調製品	68	680	低品質な業務用製品は置き換わり、贈答用やこだわり品質を求める外食産業用等の高級品向け及び原産地表示を要求される家庭用製品は残る。
カツオ・マグロ類	30	630	缶詰のうち下級品と鰹節類が置き換わり、生鮮食用向け並びに高級缶詰が残る。
サケ・マス類	63	770	缶詰のうち下級品と塩蔵品・乾燥品が置き換わり、生鮮食用向け並びに高級缶詰が残る。
ウナギ	64	240	業務用は置き換わり、家庭消費用は残る。
ワカメ	93	90	養殖生産品は置き換わり、輸入品に比べ高品質な漁獲生産品は残る（プレミア品）。
ヒジキ	100	10	品質格差がなく、全て置き換わる。
水産物計		4千2百億円	

資料：農林水産省試算。
注：国産水産物を原料とする1次加工品（缶詰等）の生産減少額を含めた。

に開放することになっている。「漁業への投資・サービス」は例外リストに入っているが、漁業そのものは例外になっていないとする解釈もあり（山田正彦、2016）、解釈は微妙であるが、基本的な方向性は様々な資格・権利の海外も含めた開放であるといえる。つまり、国内的な漁業権の開放の議論は国際的な貿易自由化交渉とも呼応している。

資源・環境と地域と国土・国境を守る

　もう一度、漁業権開放の問題点をまとめると、

　①規制撤廃して個々が勝手に自己利益を追求すれば、結果的に社会全体の利益が最大化されるという論理のコモンズ（共用資源）への適用は論外である。個々が目先の自己利益の最大化を目指して行動すると資源が枯渇して共倒れするというのが「コモンズ（入会牧場や漁場）の悲劇」。「コモンズの共同管理をやめろ」というのは根本的な間違いである。

　資源管理のためには、総量規制だけすればよいというのは、現場を知らない絵空事である。漁協に集まって、獲りすぎや海の汚れにつながる過密養殖にならぬように、毎年の計画を話し合い、公平性を保つように調整し、年度途中での折々の情勢変化に対応してファインチューニングし、浜掃除の出合いも平等にこなすといった資源とコミュニティの持続を保つ、きめ細かな共生システムが絶妙なギリギリのバランスの上にできあがっている。これが浜の暮らしで、漁協による共生システムは、その点で優れている。そこに水産特区のように漁協と別の主体にも漁業権が免許されたら、漁場の資源管理は瞬く間に混乱に陥ることは必定である。

　中央政府が漁場ごとの再生産能力を把握した総量規制の上限値を正

確に計算することは、そもそも困難であり、それを明確に割り当てたり、操業者の行動を監視し、違反者を確実に制裁することは困難を極めるし、その行政コストは莫大になり、漁協を中心とした自主管理システムのほうが有効かつ低コストであるのは自明のように思われる。

　②かつ、割り当てられた漁業権を入札による譲渡可能にするのがベストだというが、そうなれば、資金力のある企業が地域の漁業権を根こそぎ買い占めるかもしれない。むしろ、それが狙いなのである。

　つまり、浜は既存の非効率な漁家の既得権益でなく、みんなのものだから、効率的な企業にも平等にアクセスできるようにしろ、と言って、結局、そう主張した企業が買い占めて、自分のものにして既得権益化する（「浜のプライベートビーチ化」）という詐欺的ストーリーが見えている。

　筆者の家の漁業権がある英虞湾もそうだが、海と隣接した集落で、非常に多くの中小漁家が生業を営んでいる。これらが根こそぎ買い取られたらどうなるか。ここで暮らしてきた人たちの生活と地域コミュニティは間違いなく崩壊する。その地で長年生業を営んできた多くの家族経営漁家を追い出し、地域コミュニティを崩壊させる権利が誰にあるのか。

　③さらには、漁業自体は赤字でも漁業権を取得することで日本の沿岸部を制御下に置くことを国家戦略とする国の意思が働けば、表向きは日本人が代表者になっていても、実質は外国の資本が日本の沿岸とその水産資源と海を、経済的な短期の採算ベースには乗らなくとも、買い占めていくことも起こり得る。海岸線のリゾートホテル・マンションなどの所有でも同様の事態が進みつつある。こうした事態の進行は、日本が実質的に日本でなくなり、植民地化することを意味する。

　そうした事態を回避するために、ヨーロッパ各国は国境線の山間部

にたくさんの農家が持続できるように所得のほぼ100％を税金で賄って支えている。彼らにとって農業振興は最大の安全保障政策である。日本にとっての国境線は海である。沿岸線の海を守るには自国の家族経営漁業の持続に戦略的支援を欧州のように強化するのが本来なのに、企業参入が重要として、結果的には日本の主権が脅かされていく危機に気付いてない。これは日本国民にとって国家存亡の危機である。

　以上のように、漁業権の開放と貿易自由化の流れは、日本の水産資源を守る観点からも、地域社会を守る観点からも、国土・国境を守る観点からも、容認しがたいものであることは明白である。

　日本の水産資源・環境、地域社会、そして、日本国民の主権が実質的に奪われていくという極めて深刻な事態を招きかねない漁業権開放の議論は、国内的にも、ここで終止符を打つべきであり、そのような内容を含む国際協定の推進も停止すべきである。

　そして、こうした議論の余地が生じないように、漁業権を託されている漁協が、資源を守り、地域を守り、国土を守る漁業経営者の民主的集合体としての本来的役割をしっかりと果していることを関係者が確認し、結束して国民に理解してもらうことが不可欠である。農協攻撃には、農協に不満を持つ農家を大きくクローズアップすることで世論誘導が進められたことも肝に銘じる必要があろう。

　食料と農林水産業とその関連組織（農協・漁協や農林水産省）に「とどめを刺す」と意気込んでいる人たちに、国民の安全・安心な暮らしが崩壊し、日本という国が実質的になくなってしまうような愚かなことを進めているのだということに一日も早く気づいてもらうべく、国民一人一人が事態の本質を正しく認識する必要がある。

補論1　漁場のきめ細かな共同管理の実態

（佐藤力生「漁業権に関する質問への回答」2016年7月20日、http://shigenkanri.jp/?p=1221）

地先漁業では、多くの場合、旧組合単位で漁業種類ごとに設置された話し合いの組織（法律に基づかいない任意）が存在する。Tではその数は22部会にもおよぶ。その組織にはその漁業者の中から必ず代表者が決められ、漁期開始の前（本漁期のルールの確認）と後（反省）、および必要に応じ関係漁業者が召集される。自分たちでなかなか解決ができないからといって、安易に上（組合長・支所委員長）に解決を委ねさせない。極力自分たちで解決させる。

一方、問題が発生しているのに何もしない場合は、上が代表を呼び出し話し合いをするように指示する。例えば、人よりも多く獲りたいがためにルール（操業切り上げ時間）を守らず、セリが閉まった後、相対で仲買人に売る者が出てくることがあったが、それを認めると翌日のセリの価格が下がり、漁業者間で不公平になるので、それについて部会で是正するように上から指示を出し解決させた。

なお、バッチ・船曳網漁業のように愛知県の船も同じ漁場で操業する漁業種類については、両県漁業者が協議会を設け、操業方法などを調整している。トラフグはえ縄漁業では静岡も入れた3県の漁業者代表が話し合い操業日などを統一している。

「相談したいことがありますので、○○漁業者の方はお集まりください。」これは、Tの町内スピーカーからよく流れてくるフレーズである。その後しばらくして再びスピーカーから聞こえてくるのが「○○漁業者の方にお知らせします。明日の操業は休みとします。」天候、

漁況、魚価維持などを理由に、あらかじめ定められた休漁日以外の臨時休漁を行うときに集って相談のうえ決められる。これには全員必ず従う。

　明日は時化そうなときに何も決めないと漁業者間で判断が異なり、無理してでも出ようとする者が出てくる。仮に遭難すると、約1週間すべての漁船が捜索に当たることから、その間の減収は計り知れない。仲買人や加工業者も大きな損失を被る。だから迷惑をかけないためみんな従う。豊漁が続くと魚価が下がり始める。そういう時には体を休めるためにも、臨時の休漁を行う。

　さらに、Tでは今年の春先のイカナゴ漁が禁漁となったため、海藻（ワカメ、ヒジキ）の出漁隻数が増え、成長しきれない前に採るのを防止するため、途中に1週間の休漁を決めた。漁船漁業の中には漁が見えない場合は、しばらく休漁することを決め、探査船を時々出して、再び操業開始日を決めることもある。漁模様（資源）が悪いと、漁業者が話し合い、資源保護や燃費削減のために直ちに操業を控え（漁獲圧力を下げる）その間は別の漁業を行ったり、別の魚種を狙う。

　このことを知らない者は、インプットコントロールでは過剰漁獲し、TAC（Total Allowable Catch、漁獲可能量）やIQ（Individual Quota、個別割当）が必要と言っているが全く逆。例えば、IQになると「自分は漁獲枠の権利を国からもらっている、まだ十分残っているのに休漁させられる義務はない」という漁業者が必ず現れ、部会での統一的操業体制が壊れ、ほかの漁業者も「それなら俺も出る」と資源は悪化しているにも関わらず、漁獲努力量を下げることなく乱獲に走る。

補論2　IQが資源管理の実効性を低下させる

（佐藤力生「IQこそが一番守られにくい」2015年2月24日、http://shigenkanri.jp/?p＝295）

　水産庁におけるIQ制度の導入にかかる検討会は2度開かれ、平成20年の一度目の検討会では「漁獲量の迅速かつ正確な把握のための多数の管理要員が必要となるなど、多大な管理コストを要する」などとの理由から導入されなかった。ところが、平成26年の2度目の検討会では、「IQ方式が実施可能な魚種・漁業種に対して同方式を試験的に実施し、実際の効果等を検証する」となり、その実験台に北部まき網漁業のマサバ操業が選定された。その2度目の検討会の議論をまとめた「資源管理のあり方検討会」（平成26年7月、水産庁）では、IQのメリットの一つとして「漁獲枠を漁船毎に配分することにより、少ないTAC数量であっても資源管理の実効性を確保できる」をあげている。

　この点について、佐藤氏はTACをIQにすれば資源（漁獲量）管理の実効性が確実に低下するとみる。そもそも人間は他人のために自分が捕まるというリスクを負う違反はしない。鼠小僧やルパンは物語の中での話。TACはみんなの共通財産のようなもの。自分の漁獲量を実際より少なくごまかして、その分あとで多く獲ろうとしても、そのごまかし分はみんなで使うTACに含まれているので、自分にはわずかしかメリットがない。例えれば、泥棒してきたお金を、村の神社の賽銭箱に放り込むようなもの。

　一方、IQであれば、自分のごまかし分がすべて自分の利益になる。それでなくても少ないTACを細分化すれば、まさに「雀の涙」のようなIQ。到底それでは食べていけない。捕まるというリスクはあっ

ても、うまくごまかせば自分だけは生き残れる。だから違反がなくならない。どう考えても、少ないTACを細分化するなど「どうぞ違反してください」と促すようなもの。自分が漁師になった気持ちで考えればすぐわかること。

　少ないTACのときは、支援措置のもと休漁期間を延長するとか、北海道の日本海側のスケソウダラの沿岸漁業者のプール制で「自分だけは……」という仲間が出てこないようにすればよい。少ないTACをわざわざIQにしようとするのは、日本の漁業者を犯罪人に仕立てようという企てではないかとさえ思う。なぜなら、「こんなに違反が多いのは漁業者が多すぎるからだ。だから漁業者を減らすには、ITQ（Individual Transferable Quota、譲渡可能個別割当）が必要だ」というシナリオにぴったりだから。

補論3　漁協解体が「買いたたき」を強める

　農協改革の目的が「農業所得の向上」であるわけがない。①信用・共済マネーに加えて、②共販を崩して農産物をもっと安く買いたたきたい企業、③共同購入を崩して生産資材価格をつり上げたい企業、④農協と既存農家が潰れたら農業参入したい企業が控える。規制改革推進会議の答申はそのとおりになっている。

　そもそも、一部に利益が集中しないように相互扶助で中小業者や生活者の利益・権利を守る協同組合などの組織は、「今だけ、金だけ、自分だけ」には存在を否定すべき障害物である。そこで、「既得権益」「岩盤規制」と攻撃し、ドリルで壊して市場を奪って私腹を肥やそうとする。これが「対等な競争条件」要求の実態だ。

　この構図は漁業、漁協についても同様である。だから、漁協解体で狙われているもう一つの成果は水産物のさらなる買いたたきである。例えば、我々の試算では、牛乳について、**図4**のような取引交渉力のアンバランスが計測されている。酪農における農協・メーカー・スーパー間の力関係は、スーパー対メーカー間の取引交渉力は7対3で、スーパーが圧倒的に優位。酪農協対メーカーは1対9で生産サイドが押されている。水産物が類似した構造にあることは八木信行東大教授らの一連の研究で判明している。

　いまでも買いたたかれているのに、対等な競争条件のために、農協を株式会社化して共販・共同購入への独禁法の適用除外をやめさせるべきだという議論は、大手小売がさらに買いたたいてもうけるための口実で、競争条件をさらに不当にするものである。大手小売の「不当廉売」と「優越的地位の濫用」こそ、独禁法上の問題にすべきである。

図4　酪農協・メーカー・スーパー間のパワーバランスの推定値

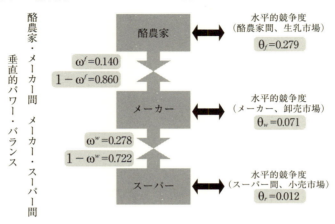

資料：結城知佳・佐藤赳・鈴木宣弘による。
注：ω=0 が完全劣位。ω=1 が完全優位。θ=0 が完全競争。θ=1 が完全協調。

　規制緩和が万能薬であるかのように短絡的な経済理論が悪用されるが、規制緩和が正当化できるのは、市場のプレイヤーが市場支配力を持たない場合であることを忘れてはならない。一方のマーケットパワーが強い市場では、規制緩和は、一方の利益を一層不当に高める形で市場をさらに歪め、経済厚生を悪化させる可能性があり、理論的にも正当化されない。競争市場を前提とした規制緩和万能論はまやかしである。

　この場合、規制緩和でなく、①拮抗力を形成できる共販組織の強化、②取引交渉力の不均衡による損失を補填する政府による下支え、こそが正当化される。つまり、漁協の機能強化こそが事態の改善に不可欠なのに、逆に、それを解体しようとしているのである。

　図5のように、農林水産省の調査において、全国で販売された水産

図5　水産物平均及び青果物平均の流通経費等の割合

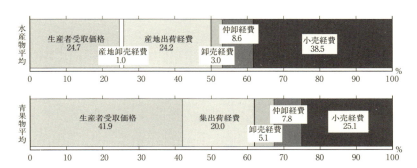

資料：農林水産省「食品流通段階別価格形成追跡調査（水産物経費調査及び青果物経費調査）」
　　　（21年3月）
注：1）水産物の試算に用いた品目は、メバチマグロ、カツオ、マイワシ、マアジ、マサバ、サ
　　　ンマ、マダイ、マガレイ、ブリ及びスルメイカの10品目である。
　　2）水産物平均の生産者受取価格は、産地卸売業者の100kg当たり卸売価格に、1業者当た
　　　りの売上価格に対する生産者受取価格の割合（100kg当たり）を用いて試算した。
　　3）本調査は、同一の品目を各段階毎に追跡する調査ではないが、対象市場へ出荷又は同市
　　　場等から仕入を行っている対象を選定していることから、①産地から小売まで一連の価
　　　格形成が行われているとの前提を置き、②更に各段階の販売・仕入金額は一致するもの
　　　と仮定し、産地出荷価格（水産物経費調査の場合）、仲卸価格及び小売価格は、それぞれ
　　　の段階の仕入金額に20年直近の決算期間（仲卸段階及び小売段階においては、20年10
　　　月（1か月間、青果物調査は11月））の仕入金額と販売金額の比率を乗じて各流通段階
　　　の販売価格を試算した。なお、産地出荷経費（水産物経費調査の場合）、仲卸経費及び小
　　　売経費は、各段階の価格差を経費等とした。

物の小売価格に占める生産者受取価格の割合は約25％で、青果物の
41％に比べてかなり低く、小売段階の割合が高い^(注)。したがって、
水産物のほうが農産物以上に、規制緩和は正当化されず、漁協の機能
強化が必要という処方箋が当てはまると考えられる。

（注）　農産物と比べ水産物の場合は冷蔵・冷凍が必須であり出荷経費が嵩む
　　　こと、また、足がはやいので小売ロスが発生しやすく小売経費が嵩むと
　　　いう特徴に留意する必要がある。

参考文献

・水産庁『水産白書』各年版

・長屋信博「漁業権管理は協同そのもの」2017年6月21日、
　http://www.jacom.or.jp/nousei/closeup/2017/170621-32959.php

・全漁連「『規制改革会議第2次答申（水産業関係）』の問題点とJFグループ
　の運動方向」2008年5月

・佐藤力生「漁業権に関する質問への回答」2016年7月20日、
　http://shigenkanri.jp/?p=1221

・佐藤力生「IQこそが一番守られにくい」2015年2月24日、
　http://shigenkanri.jp/?p=295

・佐藤力生『「コモンズの悲劇」から脱皮せよ〜日本型漁業に学ぶ　経済成長
　主義の危うさ』北斗書房、2014年

・坂井眞樹「ミクロネシア連邦での素晴らしき日々」2016年

・田口さつき「オストロムのコモンズ論からみた水産資源管理のあり方」『農
　林金融』2014年9月

・田口さつき「岩手県における漁場入札制の歴史─明治初期の混乱─」
　http://www.nochuri.co.jp/report/pdf/nri1707re7.pdf

・二平章「『水産資源乱獲論』と沿岸漁業の資源動向」『日本沿岸域における
　漁業資源の動向と漁業管理体制の実態調査─平成22年度事業報告─』一般
　財団法人東京水産振興会、2011年、pp.1〜6

・田中一郎「日本漁業を衰退させるもの」2016年1月11日、http://
　tyobotyobosiminn.cocolog-nifty.com/blog/2016/01/post-b277.html

・阪井裕太郎・中島亨・松井隆弘・八木信行「日本の水産物流通における非
　対称価格伝達」『日本水産学会誌』78（3）、2012年、pp.468〜478

・濱田武士「漁場利用という日本の伝統的コモンズの現局面」http://oohara.
　mt.tama.hosei.ac.jp/oz/671-672/671-672-03.pdf

・井上真「自然資源の共同管理制度としてのコモンズ」『コモンズの社会学』（井
　上真・宮内泰介編）、新曜社、2001年、pp.1〜30

・生源寺眞一『完・農業と農政の視野』農林統計出版、2017年

・山田正彦『アメリカも批准できないTPP協定の内容はこうだった！』サイ
　ゾー、2016年

・中野広「戦後の漁業紛争と制度改革」海洋水産エンジニアリング、各号

・中瀬勝義『海洋観光立国のすすめ』七つ森書館、2007年

付録　建前と本音の政治・行政用語の変換表

　最近の政治・行政用語の真意を考える一助として活用いただきたい。

●**国益を守る**＝米国の要求に忠実に従い、政権と結びつく企業の利益を守ることで、国民の命や暮らしを犠牲にしても、自身の政治生命を守ること。

●**自由貿易**＝米国（発のグローバル企業）が自由に儲けられる貿易。

●**自主的に**＝米国の要求どおりに。

●**規制緩和**＝地域の均衡ある発展のために長年かけて築いてきた相互扶助的ルールや組織を壊して、ないしは改変して地域のビジネスとお金を一部企業に集中させること。規制緩和の名目で実質的な規制強化を行う場合もある。いわば「国家の私物化」。この国際版がTPP（環太平洋連携協定）型の協定で「世界の私物化」。

●**規制緩和が皆にチャンスを広げる**＝規制緩和すれば多くの国民は苦しむが、巨大企業の経営陣がさらに儲けられる。

●**対等な競争条件**（Level the playing field とかEqual Footing）＝もっと一部企業に富が集中できる市場条件にする。市場を差し出したら許す（例：郵便局でのA社保険販売）。

●**岩盤規制・既得権益**＝儲けられる余地が減ってきたので、地域の均衡ある発展のために長年かけて築いてきた相互扶助的ルールや組織を壊して地域のビジネスとお金を一部企業が奪いたい。そこで、地域を守るルールや組織は障害なので岩盤規制・既得権益と呼ぶ。

●**国家戦略特区**＝別名、国家「私物化」特区。政権と近い特定の企業・事業体がまず決まっていて、その私益のために規制緩和の突破口の名目でルールを破って便宜供与する手段。

●**幅広い視点からの諮問会議の委員構成**＝利益相反的な賛成派、ある

いは、素人で純粋に短絡的な規制緩和論者だけを入れる。「詳しい人や反対論者を入れたら決まらないでしょ。最初から決まった結論に持っていくためにやるのだから。」

●**道半ば**＝経済政策（アベノミクス、物価２％上昇目標など）の破綻のこと。

●**１％の農業を守るために残り99％の利益を犠牲にするな**＝１％の企業利益のために99％の国民は犠牲にする。

●**農業所得向上**＝農協を解体して、地域のビジネスとお金を一部企業が奪うための名目。①信用・共済マネーの剥奪に加えて、②共販を崩して農産物をもっと安く買いたたきたい企業、③共同購入を崩して生産資材価格をつり上げたい企業、④JAと既存農家が潰れたら農業参入したい企業が控える。規制改革推進会議の答申はそのとおりになっている。

●**地方創生**＝なぜ、そんなところに無理して住むのか。無理して住んで農業やって、税金使って、行政もやらねばならぬ。これを非効率という。地域の伝統、文化、コミュニティもどうでもよい。非効率なのだ。早く引っ越して、原野に戻せ。

●**農業協同組合の独占禁止法「適用除外」は不当**＝共同販売・共同購入を崩せば、農産物をもっと安く買い、資材を高く販売できる。「適用除外」がすぐに解除できないなら、独禁法の厳格適用で脅して実質的になし崩しにする（山形、福井、高知などで実施）。

●**農協は信用・共済事業をやめて本来業務の農業振興の「職能組合」に純化すべき**＝農協から信用・共済ビジネスを奪うための理屈付け。こうすれば、農協は倒産するから、農産物も買いたたけるし、資材も高く売れる。農家が廃業したら、儲けられる好条件地には参入できる。

●**准組合員規制**＝農協解体を遂行するための脅しの切り札。これをち

らつかせて、すべてを呑ませていく。

●**農業所得倍増**＝貿易自由化と規制改革で既存の農家が大量に廃業したら、全国の１％でも平場の条件の良い農地だけ、大手流通企業などが参入して儲けられる条件を整備し、一部企業の利益が倍増すればよい。儲からなければ転用すればよい。

●**農業競争力強化支援法**＝農業競争力「弱体化」法。競争力強化に必要な協同組合の共販・共同購入を「中抜き」し、農業関連組織の解体と家族経営の崩壊を促進し、特定企業に便宜供与する。コメの種子情報を無償譲渡で獲得し、遺伝子組み換え種子で主要穀物市場を独占し、種子価格を吊り上げ、国民の命をコントロール下に置けるバイオメジャーには濡れ手で粟。

●**漁家・漁協の既得権益の開放**＝浜は既存の非効率な漁家の既得権益でなく、みんなのものだから、効率的な企業にも平等にアクセスできるように漁協に免許されている漁業権を開放しろ、と言って、結局、そう主張した企業が買い占めて既得権益化する（浜のプライベートビーチ化）という詐欺的ストーリー。しかも、最終的には外資に日本の沿岸国境線を握られ、日本が実質的に植民地化する亡国のリスクが見えていない。

●**漁場の共同管理をやめるべき**＝既存漁家から浜のビジネスを奪いたい。コモンズ（共用資源）は共同管理することで資源の枯渇による共倒れという「悲劇」を回避してきたのが理論的にも実証的にも確認されている。コモンズに短絡的規制緩和論を主張するのは根本的な間違い。我々の社会を「グローバルコモンズ」と見做せば、個々が利己的に自己利益の最大化をめざせば社会全体の利益が最大化されるという新古典派経済学が適用できる余地は実はほとんどない。

●**改革の総仕上げ**＝延長された所管官庁のトップの在任中に、一連の

農林水産業の家族経営の崩壊、協同組合と所管官庁などの関連組織の崩壊に「とどめを刺し」、国内外の特定企業などへの便宜供与を貫徹するという強い意思表示。

●**科学主義**＝疑わしきは安全。安全でないと証明される（因果関係が完全に特定される）までは規制してはならない。人命よりも企業を守る。対語は、予防原則＝疑わしきは規制する（手遅れによる被害拡大を防ぐため）。

●**専門家が安全だと言っている**＝安全かどうかはわからない。なぜなら、「安全でない」という実験・臨床試験結果を出したら研究資金は切られ、学者生命も、本当の命さえも危険にさらされる。だから、特に、安全性に懸念が示されている分野については、生き残っている専門家は、大丈夫でなくても「大丈夫だ」と言う人だけになってしまう危険がある。この事態を打開するのは、恐れずに真実を語る人々と消費者の行動である。

●**枕詞**＝国会決議などを反故にする言い訳に使うために当初から組み込んでおく常套手段の修飾語。最近の事例は、「再生産可能となるよう」「聖域なき関税撤廃を前提とする（TPP）」「国の主権を損なうような（ISD条項）」など。

●**単なる情報交換**＝日本のTPP交渉参加を米国に承認してもらうための「入場料」支払いのために水面下で２年間行った事前交渉の国民向けの呼称。国民を見事に欺いて米国への事前の国益差し出しに貢献したことで経産省初の女性局長（その後、総理秘書官を経て特許庁長官）に昇進した人もいる。

●**生産性向上効果と資本蓄積効果**＝貿易自由化の経済効果を操作して水増しするための万能のドーピング薬。

●**緊急対策**＝政治家が自身の力で実現したのだと「恩を着せる」ため

の一過性の対策。政策に曖昧さを維持し、農家を常に不安にさせ、いざというときに存在意義を示すための日本的制度体系。しかも、既存の施策を○○対策として括り直して看板付け替えただけの場合が多い。対語は、対策の発動基準が明確にされ、農家にとって予見可能で、それを目安にした経営・投資計画が立てやすくなっている欧米型のシステマティックな政策。

●**情報公開**＝基本的に情報は出すものではなく隠すもので、出す場合は政府が国民を誤認させて誘導するのに都合のいいところだけ公開する。公開を迫られたときは黒塗り（「のり弁当」）にするか、記録を廃棄したことにする。ウソを貫徹した人は国税庁長官やイタリア一等書記官に異例の処遇をする。真実を述べた人はスキャンダルで人格攻撃する。

●**記憶にない**＝事実と認めるわけにはいかない質問に偽証に問われないように答えるときの常套句。「私の記憶によれば○○していない」という言い回しもある。

●**日米安保で守られているから**＝対米従属を国民に納得される「殺し文句」。政策遂行に非常に都合がいいから、政治・行政は「日米安保の幻想」を隠す。実は、米国では北朝鮮の核ミサイルが米国西海岸のシアトルやサンフランシスコに届く水準になってきたから韓国や日本に犠牲が出ても、今の段階で叩くべきという議論が出ている。米国は日本を守るために米軍基地を日本に置いているのではなく、米国本土を守るために置いている。

●**国民の命を守る防衛費**＝米国の軍事産業を救う防衛費。米国が欠陥商品と認めるオスプレイを破格の1機100億円で17機、1,700億円で購入するなど、至れり尽くせり。

●**貧困緩和には規制緩和の徹底が不可欠**＝グローバル企業が途上国を

食い物にするための口実。

● **コンディショナリティ**＝貧困緩和のためには規制緩和の徹底が必要と言い張り、途上国を支援する名目で、世界銀行やIMF融資の条件として、アメリカ発のグローバル企業の利益を高める規制緩和やルール改変（関税・補助金・最低賃金の撤廃、教育無料制・食料増産政策の廃止、農業技術普及組織・農民組織の解体など）を強いること。しかも、強制したのでなく当該国が「自主的に」意思表示したという合意書（Letter of Intent）を書かせる。

● **トリクルダウン**＝99％→１％に富を収奪しようとしている張本人が１％→99％に「滴り落ちる」という論理破綻

● **CSR（企業の社会的責任の履行）**＝「安全性を疎かにしたり、従業員を酷使したり、周囲に迷惑をかけ、環境に負担をかけて利益を追求する企業活動は社会全体の利益を損ね、企業自身の持続性も保てないから、そういう社会的コスト（外部費用）をしっかり認識して負担する経営をしなくてはならない」というのは建前で、本当は、TPP型のISDS条項で、企業が本来負担すべき社会的費用の負担（命、健康、環境、生活を毀損しないこと）の遵守を求められたら、逆に利益を損ねたとして損害賠償請求をしたい。

● **主流派経済学**＝巨大企業の利益を増やすのに都合がいい経済学。

● **独占・寡占は取るに足らぬ問題で、独占禁止政策も含め、規制緩和あるのみ**＝独占・寡占が常態化する市場で、それを抑制する政策も含めて規制緩和すれば、さらに市場を歪め、独占企業への富の集中を進められる（社会全体の経済厚生は低下する可能性がある）。規制緩和が正当化されるのは、市場が競争的であることが前提で、不完全競争（独占・寡占）市場での規制緩和は正当化されない。したがって、主流派経済学は独占・寡占の存在を無理やり否定する。

著者略歴

鈴木　宣弘（すずき　のぶひろ）

1958年三重県生まれ。1982年東京大学農学部卒業。農林水産省、九州大学教授を経て、2006年より東京大学教授。98〜2010年（夏季）コーネル大学客員教授。専門は農業経済学。日韓、日チリ、日モンゴル、日中韓、日コロンビアFTA産官学共同研究会委員、食料・農業・農村政策審議会委員（会長代理、企画部会長、畜産部会長、農業共済部会長）、財務省関税・外国為替等審議会委員、経済産業省産業構造審議会委員を歴任。国際学会誌Agribusiness編集委員長。JC総研所長も兼務。『食の戦争』（文藝春秋、2013年）、『悪夢の食卓』（角川書店、2016年）、『牛乳が食卓から消える？　酪農危機をチャンスに変える』（筑波書房、2016年）等、著書多数。

筑波書房ブックレット　暮らしのなかの食と農　�59

亡国の漁業権開放
協同組合と資源・地域・国境の崩壊

2017年10月11日　　第1版第1刷発行

著　者　鈴木宣弘
発行者　鶴見治彦
発行所　筑波書房
　　　　東京都新宿区神楽坂2−19 銀鈴会館
　　　　〒162−0825
　　　　電話03（3267）8599
　　　　郵便振替00150−3−39715
　　　　http://www.tsukuba-shobo.co.jp
定価は表紙に示してあります

印刷／製本　平河工業社
©Nobuhiro Suzuki 2017 Printed in Japan
ISBN978-4-8119-0519-8 C0062